我是中微子，浩瀚宇宙中的微小粒子

[美] 伊芙 · M.瓦瓦加基斯/著
[美] 伊尔泽 · 莱默西斯/绘
杨玉冰/译

四川科学技术出版社

你好! 我是一个中微子。

因为太过微小，人们感觉不到我的存在。

就像电子和光子，我也是一种粒子。

没有什么能够阻挡我，我甚至能穿过你的身体！

我的身上不带电荷，电量始终为零。

我的质量很小，身体非常轻盈。

要是跟你相比，一百兆*兆兆（10的38次方）个我加在一起，静止质量才勉强比得上一个你。

*兆：表示10的12次方。

我是一种费米子，来无影，去无踪。

我有多种“味道”，但是你都不能品尝。

我喜爱电子、缪子、陶子这些“味道”的陪伴。

我身上不同的“味道”，决定了我如何表现。

假如我不喜欢自己的“味道”，我可以灵活转换。

这叫作“味转换”，就像柠檬变成酸橙。

我是一个神秘的粒子，我喜欢这样的自己。

物理学家正努力研究，想要破解我的秘密。

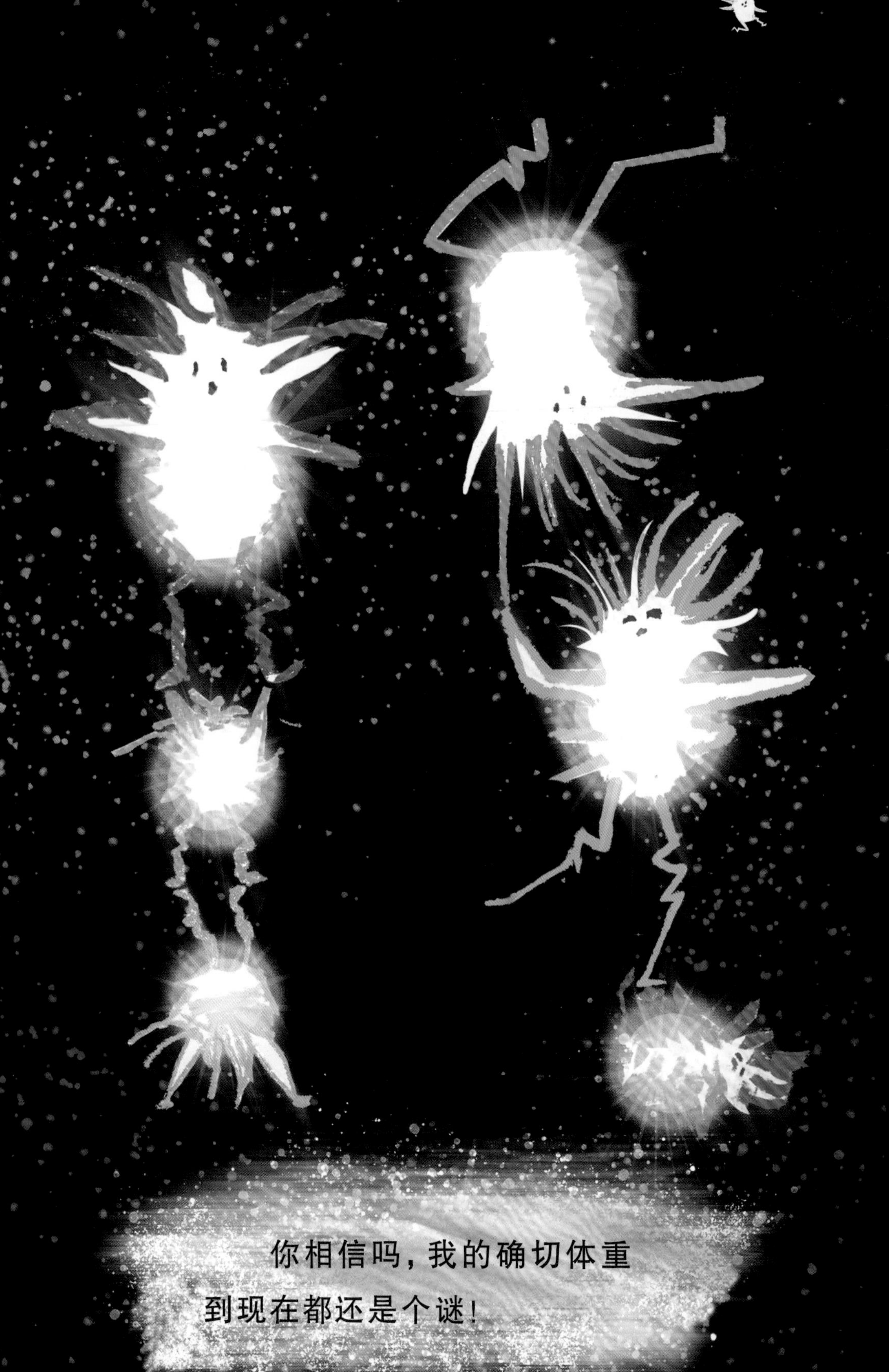

你相信吗，我的确切体重到现在都还是个谜！

最终会是谁先发现呢?

在未来的某天,会不会是你们?

我和其他中微子伙伴无所不在，到处旅行。

太阳、地球和宇宙的其他角落，都能看到我们的身影。

如果你愿研究我们怎样变换和旅行，

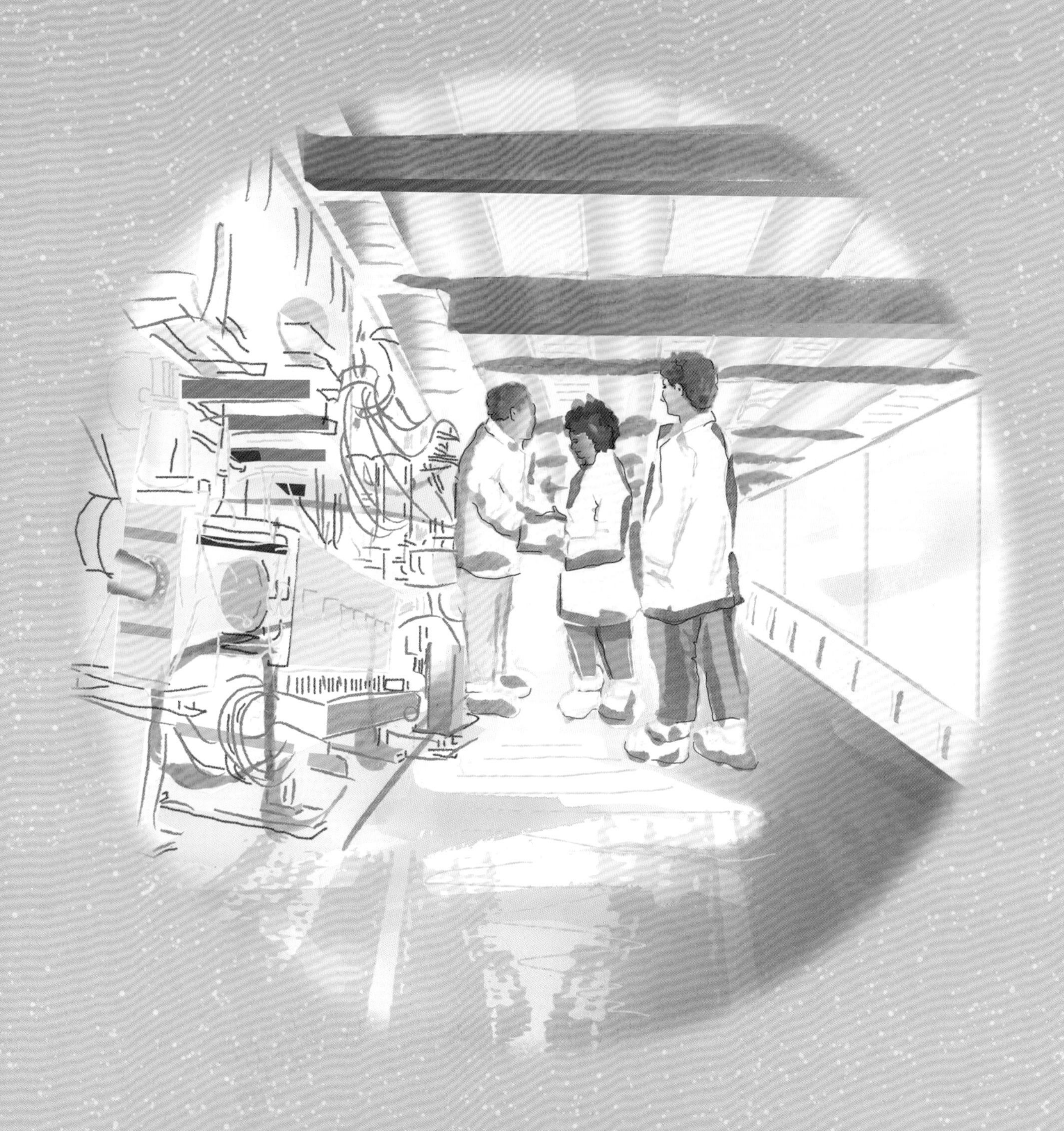

总有一天，你会更懂我们的个性！

尽管我们是一种微小的粒子，但我们能够教给你的知识，却非常深奥。

宇宙诞生之初，我们就已经存在。

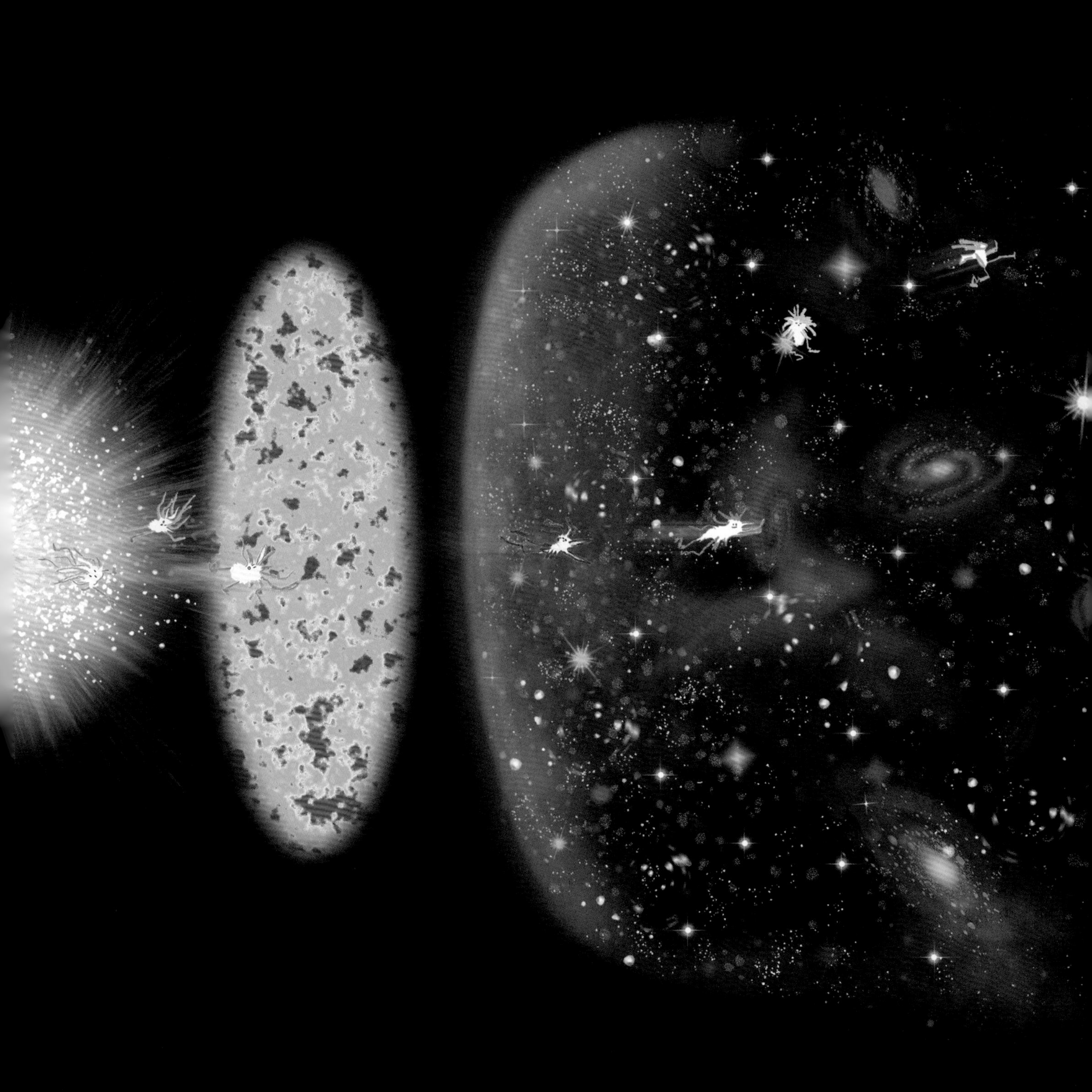

漫漫时光流逝，我们已遍布宇宙的各个角落。

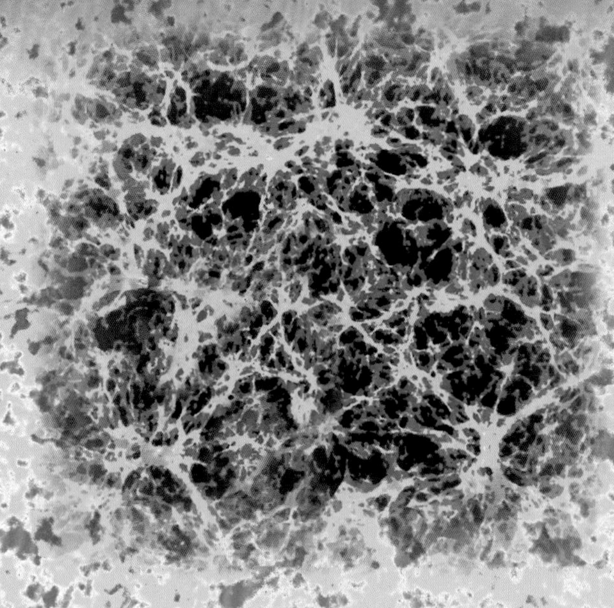

去找一个合适的望远镜*，望向太空，
你将发现我们的足迹遍布星系之中。

*注：此处指专用于探测中微子的中微子望远镜。

虽然我是如此微小，又是如此神秘，
但我无比重要，对于宇宙，也对于你。

认识中微子小伙伴们

中微子是非常小的粒子，它们存在于宇宙各处。我们看不见中微子，书里作者用拟人的手法，呈现了一个活灵活现的“中微子朋友”。在现实里中微子并不会说话。在图中，你可以看到我们所处的银河系以及一个中微子。这个中微子是我们星系中无数中微子中的一个。

物体由具有质量和体积的物质组成。这张图展示了一个由物质构成的原行星盘，它是一种围绕在新生的恒星周围的浓密气体，就像一个育婴室，会孕育出像地球这样的行星。中微子通常不与这些物质发生作用。

电子和光子同样也是粒子，其中光子通常以光的形式为人所知，比如我们平时看到的太阳光。粒子是构成我们宇宙中所有物质的基础单位。中微子虽然也是粒子，但不像电子或光子那样可以与其他粒子发生相互作用。

中微子真的能从我们身体中穿过——每秒钟就有数亿亿个穿过你的身体！这是因为中微子很小、很轻，不会像其他粒子那样与我们体内的粒子发生作用。中微子只通过引力和弱力与其他粒子相互作用，弱力作用于极微小的距离，它的作用距离甚至小于一个原子的大小。

我们之所以能够感受到推力和拉力，是由于正负电荷的作用。电磁力是我们与大多数物质相互作用的方式，但中微子不能通过电磁力发生作用。它们不带电荷，可以穿过一切东西。它们的质量非常小，要想加起来和我们一样重，那得需要一百兆兆兆（1后面跟着38个0）个中微子才行。

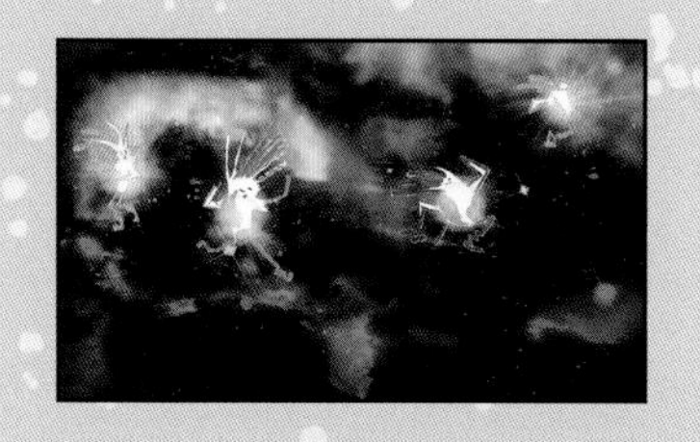

中微子是一种费米子，目前已知有三类中微子：电子中微子、缪中微子和陶中微子，我们可以认为它们是中微子的不同“味道”。

左边这页展示了作者对于电子中微子、缪中微子和陶中微子的想象。当一个中微子在太空中穿梭时，它能够随时变换它的“味道”。假设一开始你是一个电子中微子，你可能很快就会变成一个缪中微子或者陶中微子，这就叫“味转换”。

中微子这种能够变换状态的特性是在1998年被发现的，当时萨德伯里中微子天文台发现了中微子有质量，超级神冈实验发现了中微子振荡现象。因此，亚瑟·B.麦克唐纳和梶田隆章共同获得了2015年的诺贝尔物理学奖。在这张画里，你可以看到超级神冈探测器的内部，里面装有超过11 000个的光电倍增管探测器，能够探测到中微子与探测器内部物质发生反应时产生的微小信号。

要测量如此小的质量是非常困难的。物理学家们一直致力于研究三种中微子的总质量，以及每种中微子单独具有的质量。迄今为止，他们已经能够确定中微子质量的上限，但还不知道每种中微子的确切质量是多少。我们相信未来一定会有人能解开这个谜团，或许这个人就是你?

物理学家可以通过不同的方式研究中微子质量总和，这取决于他们研究的中微子来自哪里。我们可以在太阳、地球大气层、核反应堆和粒子加速器中观察中微子，也可以通过研究夜空来间接观察中微子。

在左边这页我们可以看到一些中微子在一起形成了中微子束，粒子物理学家利用这种中微子束来研究它们在长距离飞行时的行为。

在地球上，科学家们能够用粒子加速器制造中微子束，以此来研究中微子。如果中微子飞行的距离很短，科学家们可以研究它们发生“味转换”之前的行为。如果它们飞得很远，科学家们可以研究它们是如何进行这种转变的。美国费米国家加速器实验室进行了这两种实验，它们能让我们更了解这些难以捉摸的粒子。

虽然中微子既微小又神秘，但它们对整个宇宙的演变过程产生了实实在在的影响！在研究宇宙中最宏大的事物时，比如银河所在的星系团，我们对中微子的了解也会更加深入。

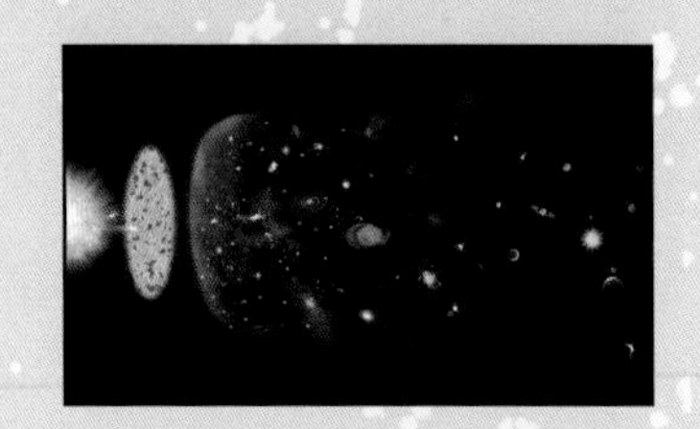

左边这页从左到右描绘了宇宙演变的历史。目前我们普遍认为宇宙诞生于138亿年前的大爆炸。几乎同一时刻，中微子也诞生了。我们今天能看到的第一批光子是在大爆炸后约38万年出发的。在那之后，我们的宇宙开始演变，恒星、星系和行星开始形成。

左边这页展示了用阿塔卡马宇宙学望远镜拍摄夜空的特殊照片，科学家们以此来观察宇宙大爆炸后产生的第一批光子，这张照片上就是宇宙微波背景，从其中包含的不同模式里，我们可以了解星系和星系团这样的大型结构是如何在宇宙中聚集（就像图里所画的蓝色网状图案那样）。通过研究星系团是如何移动，我们就能够了解数十亿年前穿梭在太空中的古老中微子。

尽管当中微子在我们周围穿梭时，我们无法看到它们，但我们知道，宇宙演变为今天的模样有它们的一份功劳。再微小的事物，也能够使我们的世界有很大的不同。谢谢你，中微子。

画出你的未来：你想成为什么样的科学家呢？

Illustrations copyright © 2022 by Ilze Lemesis

科学家是对世界充满好奇的人，每一位科学家都致力于扩展我们对世界的认识。你对什么最感兴趣？你想成为什么样的科学家呢？

1. 你对动物感兴趣吗？或许你会成为一名生物学家或者动物学家。
2. 你对制作各种奇怪的液体感兴趣吗？或许你会成为一名化学家。
3. 你对宇宙是怎么形成的感兴趣吗？或许你会成为一名宇宙学家。

当你成为一位科学家，会是什么样的呢？赶快画出来吧！

画出你想象的中微子小伙伴

中微子是非常小的粒子，它们存在于宇宙各处。我们看不见中微子，在这本书里，伊芙博士用拟人的手法，呈现了一个活灵活现的“中微子朋友”。

跟着伊芙博士学完关于中微子的知识后，想不想画出属于你的中微子小伙伴呢？它身上有绒毛吗，还是很光滑？它是什么颜色的呢？在下面的空间尽情施展你的想象吧！

《我是中微子，浩瀚宇宙中的微小粒子》

作者：[美] 伊芙 · M. 瓦瓦加基斯

绘者：[美] 伊尔泽 · 莱默西斯

译者：杨玉冰

出版社：四川科学技术出版社

献给我的母亲伊尔泽，以及所有鼓励孩子追逐梦想的榜样们。

——伊芙·M.瓦瓦加基斯

献给我的孩子们，伊芙和卢卡斯。凭借着超越自我的决心和无限的热爱，他们勇敢地探索着可能性的边界。

——伊尔泽·莱默西斯

图书在版编目（CIP）数据

我是中微子，浩瀚宇宙中的微小粒子 /（美）伊芙·M. 瓦瓦加基斯著；（美）伊尔泽·莱默西斯绘；杨玉冰译. -- 成都：四川科学技术出版社，2023.4

书名原文：I'm a Neutrino: Tiny Particles in a Big Universe

ISBN 978-7-5727-0892-3

Ⅰ. ①我… Ⅱ. ①伊… ②伊… ③杨… Ⅲ. ①中微子－普及读物 Ⅳ. ① O572.32-49

中国国家版本馆 CIP 数据核字 (2023) 第 024627 号

著作权合同登记图进字 21-2022-395 号

我是中微子，浩瀚宇宙中的微小粒子

WO SHI ZHONGWEIZI，HAOHAN YUZHOU ZHONG DE WEIXIAO LIZI

著　　者　[美] 伊芙·M. 瓦瓦加基斯
绘　　者　[美] 伊尔泽·莱默西斯
译　　者　杨玉冰
出 品 人　程佳月
责任编辑　王　娇
助理编辑　朱　光　钱思佳
内容策划　孙铮韵
封面设计　梁家洁
责任出版　欧晓春
出版发行　四川科学技术出版社
地　　址　成都市锦江区三色路 238 号　邮政编码 610023
　　　　　官方微博 http://weibo.com/sckjcbs
　　　　　官方微信公众号 sckjcbs
　　　　　传真 028-86361756
成品尺寸　215 mm × 260 mm
印　　张　2.5
字　　数　50 千
印　　刷　河北鹏润印刷有限公司
版　　次　2023 年 4 月第 1 版
印　　次　2023 年 4 月第 1 次印刷
定　　价　52.00 元

ISBN 978-7-5727-0892-3